DU

TRAVAIL PHYSIOLOGIQUE

ET

DE SON ÉQUIVALENCE

PAR

M. A. CHAUVEAU

Membre de l'Institut

EXTRAIT DE LA *REVUE SCIENTIFIQUE*

PARIS

ADMINISTRATION DES DEUX REVUES

111, BOULEVARD SAINT-GERMAIN

1888

DU

TRAVAIL PHYSIOLOGIQUE

ET

DE SON ÉQUIVALENCE [1]

I.

Au moment même où le grand principe de la conservation de la force faisait son apparition dans le monde scientifique, les physiciens en ont transporté l'application dans le champ de la biologie. L'un d'eux même, M. Hirn, a institué la première expérience physiologique — restée, du reste, unique dans son genre — sur l'équivalence thermique du travail de la machine animale.

Mais les physiciens n'ont guère voulu prendre en

(1) Tout le monde s'entend sur ce point, que les lois de la transformation et de la conservation de l'énergie doivent être appliquées, dans leur ensemble, aux manifestations de l'activité physiologique des êtres organisés. Ce principe général, né avec la thermodynamique elle-même, développé par les Mayer, les Joule, les Hirn, les Helmholtz, les Berthelot, etc., n'a pourtant reçu qu'un commencement de démonstration expérimentale rigoureuse. Mais la logique scientifique impose ce principe à notre esprit, et aucun physiologiste ne songe à se dérober à son application. Il y a toutefois des différences dans la manière dont cette application est comprise. Pour mon compte, j'ai profité des résultats de mes derniers travaux sur la contraction

considération que le point de départ et le point d'arrivée, l'état initial et l'état final de l'énergie mise en œuvre par la plante ou l'animal vivant. Rien n'est plus simple, en effet, ni plus constant, théoriquement, que l'évolution de l'énergie ainsi considérée chez l'être organisé. On voit, d'une part, qu'il puise dans les réactions chimiques dont il est le siège la force originelle nécessaire à l'entretien de ses merveilleux mouvements intérieurs ; d'autre part, on constate que cette énergie chimique se retrouve *tout entière*, au bout de la série de ses mutations, sous forme d'énergie calorifique sensible ou d'une quantité équivalente de travail mécanique extérieur : voilà le principe satisfait.

Cela peut suffire au physicien, mais non pas au physiologiste. Pour lui, ce qu'il y a de plus intéressant dans la série des transformations qu'éprouve l'énergie chez l'être vivant, ce sont justement les actes intermé-

musculaire, pour mettre en relief la notion du *travail physiologique*, considéré en lui-même, indépendamment même des effets par lesquels il se manifeste, considéré aussi comme une transformation *immédiate* de l'énergie chimique qui en est l'origine. J'y ai trouvé, chemin faisant, plusieurs avantages, entre autres celui de simplifier la théorie de la calorification, et cet autre, non moins important, d'éviter les écueils semés autour de l'application des lois de la thermodynamique au travail physiologique qui se traduit par les manifestations de l'instinct et de l'intelligence (voir, dans la *Revue* de 1886, 2° sem., et 1887, 1ᵉʳ sem., la discussion soulevée par M. Gautier et à laquelle ont pris part MM. Ch. Richet, Herzen, Hirn). Le terrain sur lequel j'ai été amené permet, en effet, à tous les physiologistes, quelle que soit leur opinion sur la nature et l'origine de la pensée, de se rencontrer pour étudier ensemble la délicate question des transformations de l'énergie dans les centres cérébraux.

La présente étude formait d'abord un mémoire considérable. Il m'a paru que l'idée essentielle que j'y voulais mettre en lumière ne se dégageait pas assez nettement et se noyait dans les détails ambiants, soit historiques, soit critiques. J'ai mis un véritable acharnement à résumer ce mémoire. De suppression en suppression, il en est arrivé à prendre sa forme actuelle, qui est une exposition systématique ou dogmatique pure et simple.

diaires, les métamorphoses qui s'intercalent entre le travail chimique initial et la production finale de chaleur sensible et de travail mécanique ; c'est en deux mots le *travail physiologique.*

A quoi bon, dira-t-on, faire intervenir cet intermédiaire, si l'existence en est indifférente à la démonstration du principe de la conservation de la force ? Le *travail physiologique* est-il bien, du reste, une métamorphose spéciale de l'énergie, métamorphose distincte des transformations d'ordre physique qui la précèdent ou qui la suivent ?

Il y a là une courte discussion préalable qui s'impose.

Le muscle va nous servir d'exemple pour établir nos propositions.

Son rôle est de produire du travail mécanique, avec accompagnement de dégagement de chaleur. C'est effectivement en vue de cette production de mouvement qu'il est commandé au muscle de se contracter. Allons-nous donc considérer le travail mécanique comme la raison d'être directe, immédiate, du fonctionnement de l'organe ? Il semble que rien ne soit plus légitime. Ce ne serait pourtant là qu'une conclusion très aventureuse.

La curieuse expérience (1) du muscle, entraîné par le mécanisme de la synergie fonctionnelle, à se contracter à vide, sans faire aucun travail extérieur, avec la même vigueur que s'il en produisait, en absorbant la même quantité d'oxygène et en rendant la même quantité d'acide carbonique, cette expérience, dis-je, force à envisager les choses d'une tout autre manière. Le déterminisme de la fonction musculaire ne réside pas dans le résultat final pour lequel elle s'accomplit, c'est-à-dire dans son effet utile. Il ne réside pas davantage

(1) *Comptes rendus,* t. CIV, p. 1763.

dans l'échauffement qui accompagne toujours le travail, échauffement superflu, inutile, nuisible même (on le verra plus loin) et qu'il serait absurde de considérer comme le but ou l'excitant de la fonction du muscle.

Du moment que la stérilité de la contraction musculaire n'entraîne aucune modification dans la manière dont cette contraction s'exécute, on est bien forcé d'admettre qu'elle doit être considérée en elle-même comme un mode de manifestation de l'énergie. C'est le *raccourcissement* actif du muscle, c'est-à-dire la *mise en jeu* de sa *contractilité* qui constitue le *motif* essentiel de sa fonction, le véritable *travail* commandé à l'organe par les excitations cérébro-spinales. Les physiologistes n'ont donc pas le droit de négliger cet important facteur dans leur étude des transformations de l'énergie chez les êtres vivants.

Voilà un premier point fixé. Il en reste un second à discuter.

Cette mise en jeu de la contractilité musculaire constitue-t-elle bien du *travail physiologique*, c'est-à-dire un travail spécial permis seulement à la matière vivante ? Il semble que, pour établir la spécialité du travail physiologique, nous ayons mal choisi notre exemple, en prenant celui du muscle. La contractilité paraît se confondre, en effet, avec l'élasticité musculaire. On a même considéré cette élasticité comme la cause prochaine du mouvement, du travail mécanique extérieur que le muscle est chargé d'accomplir, ce qui est tout à fait vraisemblable. Mais cela ne ferait pas que la contractilité et l'élasticité soient une seule et même chose. Si intimement unies qu'elles soient, ces deux propriétés n'en restent pas moins distinctes : celle-ci n'est que le résultat de la mise en jeu de celle-là. L'une est la cause de l'autre ; la contractilité entre en action la première ; c'est elle qui adapte le coefficient de l'élasticité du muscle aux conditions du fonctionnement de l'organe, en proportionnant ce coefficient à l'effort exigé par la résistance à vaincre.

Mais nous admettrons, si l'on veut, que la contractilité ne soit qu'un mode de l'élasticité. Quelle différence entre l'élasticité physique des corps inanimés et cette élasticité active qu'acquiert le muscle en état de contraction ! Ce nom d'élasticité n'empêchera pas l'activité propre du tissu musculaire d'être une manifestation d'un caractère spécial essentiellement biologique, une forme particulière, physiologique de l'énergie.

Il y a un certain intérêt à en faire la démonstration.

Pour cela, nous allons successivement considérer et comparer trois cas.

Premier cas. Le piston d'un corps de pompe est chargé de poids faisant équilibre à la tension d'une certaine quantité de vapeur d'eau accumulée sous la face inférieure du piston. Si l'on enlève la moitié des poids que celui-ci supporte, il montera en soulevant les poids restants, jusqu'à ce que la vapeur soit assez détendue pour arriver à un nouvel équilibre avec la charge du piston. Ce travail une fois accompli, le piston et sa charge resteront soulevés sans aucune dépense d'énergie, si au moins l'appareil est assez bien enveloppé pour qu'il n'y ait point déperdition de chaleur.

Deuxième cas. Supposons maintenant une lanière de caoutchouc fixée par l'une de ses extrémités et supportant à l'autre extrémité des poids qui l'allongent. Qu'on retranche brusquement la moitié de ces poids et l'on retrouvera exactement les résultats du premier cas : les poids restants seront soulevés jusqu'à ce que le raccourcissement de la lanière en ait ramené la tension au degré voulu pour faire équilibre à la nouvelle charge. Puis, ce travail effectué, les poids garderont

indéfiniment la position que le mouvement ascensionnel leur aura fait prendre.

L'identité des deux cas se manifeste d'une manière
frappante, avec cette simple différence que, dans un
cas, c'est l'élasticité de la vapeur qui entre en jeu, dans
l'autre, celle du caoutchouc. Ici et là, la détente d'un
corps élastique soulève une charge et produit ainsi du
travail mécanique. Ici et là, la charge reste soulevée,
équilibrée qu'elle est par la tension du corps élastique,
sans dépense aucune d'énergie.

Troisième cas. Au lieu d'une lanière de caoutchouc,
c'est un muscle actionné par la volonté — le biceps, par
exemple —, que nous allons considérer, soutenant des
poids élevés à une certaine hauteur, parfaitement fixe.
La brusque soustraction d'une partie de ces poids per-
mettra au muscle d'entraîner le reste dans un mouvement ascensionnel, qui s'arrêtera quand la tension
musculaire sera descendue à la valeur de ce reste de
la charge, à supposer, toutefois, que l'action nerveuse
ne modifie pas le coefficient d'élasticité qu'elle a pri-
mitivement communiqué au muscle. Jusqu'à présent
le troisième cas ne diffère pas des deux premiers.
L'élasticité du muscle s'est comportée comme celle de
la vapeur et de la lanière de caoutchouc. La tension
musculaire a fourni du travail mécanique, quand on
a diminué la charge à laquelle elle faisait équilibre.
Mais là s'arrête l'analogie.

En apparence, celle-ci semble se poursuivre jusqu'au
bout. La charge, arrivée à sa nouvelle position d'équilibre, s'y maintient fixe. Est-ce par le même mécanisme
que dans les deux autres cas? Oui, sans doute, si l'on
veut dire que c'est par la même intervention d'une
tension élastique opposée et équivalente à la charge.
Seulement, dans les deux premiers cas, cette tension,
une fois acquise, s'entretient sans travail, sans dépense
d'énergie. Dans le cas du muscle, au contraire, la ten-

sion résulte du mouvement vibratoire incessant dû à la mise en jeu de la contractilité, c'est-à-dire au *travail physiologique* du muscle. Si le soutien d'un poids n'est pas du travail, comme l'entendent les mécaniciens, et ne consomme aucune énergie, il n'en est pas moins vrai qu'un muscle soutenant une charge *travaille à sa manière,* plus ou moins suivant le poids de la charge, et que ce travail entraîne une dépense plus ou moins grande d'énergie. Le muscle travaille si bien qu'il en résulte une fatigue à laquelle il ne pourra bientôt plus résister ; il laissera tomber le poids et éprouvera, pendant un certain temps, la sensation de brisement plus ou moins douloureux qui accompagne toujours la fatigue. Nous connaissons maintenant, depuis les enseignements fournis par l'expérience du muscle qui se contracte à vide, à quelle manière de travailler nous avons affaire, dans ce cas particulier ; c'est la même que quand le muscle fait du travail mécanique réel : le débit du sang s'accélère, l'absorption de l'oxygène et l'élimination de l'acide carbonique deviennent beaucoup plus considérables ; en d'autres termes, les réactions chimiques prennent une grande activité et développent de la force vive, qui se traduit par la mise en œuvre de la contractilité, c'est-à-dire par le *travail physiologique* du muscle.

En résumé, quand la tension de la vapeur ou d'une lanière élastique soutient un poids en l'air, après l'avoir soulevé à une certaine hauteur, il n'y a plus ni travail ni consommation d'énergie. Si c'est l'élasticité musculaire qui soulève le poids et le maintient ensuite immobile, il y a continuation de consommation d'énergie, parce que l'élasticité musculaire est *créée* par la mise en jeu de la contractilité, autrement dit par le *travail physiologique* du muscle.

Donc, de quelque nom qu'on appelle l'activité propre du tissu musculaire, le travail dû à cette activité se présente bien avec les caractères d'une forme particulière de l'énergie. Mais, en réalité, l'analyse qui vient d'être faite démontre qu'il faut distinguer trois choses dans l'action du muscle :

1° La mise en jeu de la contractilité, c'est-à-dire le vrai *travail physiologique* du muscle;

2° L'*effet* immédiat de ce travail physiologique, consistant dans la création de l'élasticité qui permet à l'organe d'accomplir son travail mécanique ;

3° Le *résultat* du travail physiologique, autrement dit le travail mécanique extérieur et la chaleur sensible qui l'accompagne.

La discussion dont le tissu musculaire vient d'être l'objet pourrait être étendue aux propriétés biologiques des autres tissus et amènerait aux mêmes conclusions. On arriverait ainsi à prouver que la détermination des relations rattachant, dans les êtres vivants, au système général de la thermodynamique, la mise en jeu de l'*activité spéciale* des éléments organiques constitue le fond même de la physiologie de ces éléments. Qu'on nous laisse donc étudier cette mise en jeu sous le nom par lequel on la désigne depuis longtemps, celui de *travail physiologique;* ce nom a précisément l'avantage de s'adapter à l'idée que les actes d'ordre biologique qu'il désigne sont une forme d'énergie.

II.

La détermination de l'équivalence du *travail physiologique* dépend essentiellement des renseignements que l'expérience peut donner sur l'*origine* et la *fin* de ce travail. Nous chercherons à nous procurer ces renseignements en continuant à nous servir de l'exemple du muscle en action, exemple qui est très commode pour les démonstrations qu'exige le sujet.

A quelle transformation *prochaine* d'énergie est due le *travail physiologique*, c'est-à-dire la *mise en jeu de la contractilité* du muscle?

Ce sont, comme on le sait, les *ingesta*, aliments d'une part, oxygène de l'air d'autre part, qui forment le fond général où tous les organes puisent l'énergie nécessaire à leur fonctionnement. Le tissu musculaire, comme tous les autres, contient dans l'intimité de sa trame l'énergie chimique potentielle puisée à cette source commune ; la combinaison de l'oxygène, corps comburant, avec les matières combustibles du tissu, d'autres combinaisons moins importantes transforment cette énergie potentielle en énergie actuelle : voilà autant de points sur lesquels tout le monde est d'accord. On s'entend moins sur ce qui se passe ensuite : les uns pensent que les réactions chimiques dont il vient d'être question engendrent de la chaleur qui se transforme ensuite en travail physiologique ; les autres estiment que la transformation préalable en chaleur est parfaitement inutile et que l'énergie chimique peut devenir directement de l'énergie physiologique. C'est à cette dernière opinion que l'ensemble des faits donne raison.

Il y a cependant bon nombre de physiciens et de physiologistes qui considèrent le travail musculaire comme une transformation de chaleur, se plaçant en intermédiaire entre ce travail et les réactions chimiques initiales. L'un d'eux, M. Gavarret, a développé cette manière de voir avec une grande lucidité (1). Pour lui, « le muscle est un *moteur animé* qui, comme la machine à vapeur, utilise de la chaleur pour produire du travail ». C'est une combustion interne et une production de chaleur qui ouvrent la série des actes de la contraction musculaire. Une « portion détermi-

(1) CHALEUR ANIMALE (*Dictionnaire encyclopédique des sciences médicales,* 1re série, t. XV, p. 79).

née de cette chaleur produite », disparaissant « comme agent thermique, est consommée par le *travail intérieur* dont s'accompagne la contraction, est *transformée en contractilité* ». Si le muscle contracté n'exécute point de *travail extérieur*, « toute cette chaleur consommée par le *travail intérieur* dont s'accompagne la contraction, ou *transformée en contractilité*, reparaît à l'état de *chaleur sensible* quand le muscle se relâche ».

Cette comparaison du muscle avec une machine à vapeur a toujours exercé une grande séduction sur les meilleurs esprits, malgré les difficultés que présente son adaptation aux lois fondamentales de la thermo-dynamique. Et cependant, dès 1846, l'un des créateurs de la thermodynamique, Joule, faisait remarquer que l'animal ressemble beaucoup plus à une machine électrodynamique qu'à une machine à feu. Mais laissons là ces comparaisons dont il n'y a à tirer, dans le cas actuel, aucun parti utile.

L'hypothèse qui fait dériver le travail physiologique d'une transformation directe de l'énergie chimique est plus simple. Dans cette hypothèse, l'évolution de l'énergie ne comporte que trois stades principaux :

Premièrement, l'énergie chimique potentielle se change en énergie chimique actuelle.

Deuxièmement, l'énergie chimique actuelle se change en travail physiologique intérieur (mise en jeu de la contractilité pour donner au tissu musculaire le coefficient convenable d'élasticité).

Troisièmement, le travail physiologique intérieur (contraction) se change en énergie calorifique sensible, avec ou sans travail mécanique extérieur, suivant les conditions dynamiques dans lesquelles fonctionne le muscle.

Dans cette hypothèse, la chaleur n'est jamais un commencement ni même un intermédiaire ; c'est toujours une fin, l'état final de l'énergie après l'accomplissement du *travail physiologique*.

Il y a plus qu'un intérêt de curiosité à savoir si les combustions dont le tissu musculaire est le siège, au moment où il se contracte, font d'abord de la chaleur qui se transforme en *travail physiologique,* ou si elles produisent directement ce *travail physiologique*. Ce point a une importance capitale, tant pour la théorie de la contraction que pour celle de la calorification. Voyons donc si, comme je l'ai dit plus haut, les faits sont en rapport avec la deuxième manière de voir.

L'hypothèse de la formation préalable de chaleur utilisée par la contraction musculaire a, en sa faveur, un fait qui, s'il était bien établi, aurait une signification péremptoire. Je veux parler du refroidissement dont les muscles seraient le siège quand ils se contractent en produisant une grande quantité de travail mécanique. Ce refroidissement indiquerait bien, en effet, que le tissu musculaire possède l'aptitude à transformer la chaleur sensible en travail. Aussi les partisans de cette transformation se sont-ils évertués à démontrer par tous les moyens possibles l'existence réelle de ce refroidissement.

A quoi ont abouti ces efforts?

Aujourd'hui la question est jugée. Voici ce qui reste de la campagne menée en faveur de l'origine thermique du travail musculaire. Veut-on constater quelque apparence de refroidissement dans un muscle qui se contracte en soulevant un poids? Il faut agir sur un organe mort depuis un certain temps et ayant perdu une notable partie de son activité, c'est-à-dire sur un organe dont la contractilité s'est atténuée, pour laisser apparaître et prédominer peut-être les effets de l'élasticité purement physique de son tissu, effets qui s'accompagnent d'échauffement quand le tissu s'allonge, de refroidissement lorsqu'il se raccourcit. Est-il

même certain qu'on puisse reproduire dans ces conditions les faits de refroidissement signalés par quelques
auteurs? Il y a des physiologistes expérimentés qui le
nient. Quoi qu'il en soit, ce ne sont là ni des conditions
normales, ni des conditions simples, permettant, comme
on se l'imagine à tort, de mieux démêler les divers éléments qui interviennent dans le mécanisme de la contraction musculaire. Si le fait à l'observation duquel
elles se prêtent était exact, il ne vaudrait, on peut le
dire hardiment, que pour ces conditions elles-mêmes,
et ne saurait servir de base à une interprétation géné-
rale du mécanisme de la contraction normale.

Quand on expérimente dans des conditions physiologiques, on ne constate jamais autre chose que
l'échauffement du muscle contracté. Seulement l'é-
chauffement est moins considérable lorsque la contraction produit du travail extérieur positif. A la date de
1843, Joule avait déjà dit que « si un animal est astreint
à faire tourner un manège ou à gravir une montagne,
il y a tout lieu de présumer qu'en proportion de l'effort musculaire dépensé, il se produit une diminution
de la chaleur dégagée dans le système par une action
chimique donnée ». Or il n'y a plus à douter maintenant que cette action chimique donnée, nécessaire à
l'exercice de la contraction, n'aboutisse *toujours* à la
production d'une notable quantité de chaleur, dont la
plus grande partie apparaît sous forme d'énergie calorifique sensible et le reste, sous forme de travail mécanique extérieur. La production de ce travail mécanique
n'empêche jamais l'échauffement ; elle ne fait que le
diminuer, suivant les prévisions de Joule. C'est ce qui
résulte des expériences de Béclard sur l'homme vivant.
Le fait a été constaté également, et avec plus de netteté
encore, dans les expériences que Heidenhain a faites
sur les muscles morts de la grenouille, puis, plus tard,
dans celles de Danilewski. Et, en effet, si l'on opère

sur le muscle isolé, immédiatement après la mort et sans attendre que la contractilité s'altère, on obtient sûrement, dans tous les cas, quelles que soient les conditions expérimentales, l'échauffement classique de la contraction, tout comme Becquerel et Breschet l'ont eu dans les expériences originelles qui ont donné la première démonstration du phénomène.

Faut-il parler maintenant des documents fournis par l'étude de la température pendant l'exercice général, plus ou moins énergique, plus ou moins prolongé? Ils ne se comptent plus. Tous concluent dans le même sens : l'exercice élève la température. C'est une question déjà vieille. Elle a été rajeunie par la discussion soulevée, il y a plusieurs années, entre quelques expérimentateurs, divisés d'opinion sur les modifications de température qui accompagnent la grande quantité de travail mécanique accompli par les ascensionnistes. Les uns ont avancé que la montée abaisse la température du corps, d'autres qu'elle l'élève, d'autres enfin qu'elle l'abaisse au début pour l'élever plus tard. La vérité est que, dans ce cas, comme dans tous les autres, l'exercice ne va jamais sans une certaine élévation de température.

Les dissidences tiennent à ce que la constatation de la température du corps, pendant une ascension, présente certaines difficultés et exige certaines précautions (Forel). Il est beaucoup plus délicat qu'on ne le pense généralement de prendre des mesures thermiques exactes chez les sujets soumis à des exercices du corps. Si l'on sait se mettre à l'abri des causes d'erreurs (particulièrement la propagation du refroidissement superficiel dû à l'accélération de la respiration et à la sudation commençante), le résultat qui est constamment obtenu quand on monte un escalier, comme lorsqu'on escalade une montagne, c'est une élévation sensible, parfois très notable de la température du corps.

Il est peu probable que le fait soit maintenant sérieusement contesté par les partisans de l'origine thermique du travail mécanique dans les êtres organisés. Cependant ceux qui assimilent l'animal à une machine à feu continueront à discuter sur la signification qu'on doit tirer de ce fait. On dira (Herzen) que le travail mécanique effectué par l'appareil musculaire y abaisse réellement la température, mais que cet abaissement est masqué, grâce à l'apport de chaleur du sang, échauffé par la suractivité tout intérieure, communiquée alors aux muscles respirateurs, au cœur et à d'autres organes encore. Mais il est facile d'écarter cette objection, puisque le muscle isolé de toutes ses connexions vasculaires s'échauffe comme celui qui est irrigué par le sang.

Une dernière considération enfin, d'une grande importance, achève de ruiner le système de l'origine thermique du travail des muscles. Quelque opinion qu'on se fasse de la source de ce travail, il reste acquis que le tissu musculaire s'échauffe parfois considérablement pendant son fonctionnement. Le muscle accumule ainsi, sous forme de chaleur sensible, une quantité notable d'énergie potentielle, absolument disponible. Pourquoi ne l'utilise-t-il pas, s'il en a l'aptitude et si c'est en exerçant cette aptitude qu'il provoque la contraction ? Pourquoi ne transforme-t-il pas cette énergie calorique en travail physiologique ? Pourquoi se crée-t-il alors incessamment de nouvelles quantités de chaleur, quand l'action du muscle se prolonge ou s'exagère de plus en plus ? Hé quoi ! l'organe possède déjà plus d'énergie calorique qu'il n'en peut transformer en travail, et il continue à faire de la chaleur pour cet objet ! Il y a là une flagrante contradiction.

Comme les faits s'enchaînent d'une manière plus

logique, quand on les considère sous le jour où nous les avons placés, en exposant la deuxième hypothèse sur l'origine et la fin du travail physiologique !

La contraction musculaire est, avons-nous dit, une dérivation directe du travail chimique s'effectuant dans le muscle ; il se fait, de ce travail initial, une quantité proportionnelle aux besoins de la production du travail physiologique ; la fin de celui-ci est une transformation en travail mécanique extérieur, pour une petite part et, pour la plus grande part, en chaleur sensible qui doit retourner au monde extérieur par les voies du rayonnement, de la transpiration cutanée et de l'évaporation pulmonaire. Donc, que la production du travail physiologique devienne très active; qu'il résulte de la transformation finale de ce travail une grande quantité de calorique sensible; que les voies de dispersion de ce calorique soient alors insuffisantes, la chaleur deviendra de plus en plus abondante dans l'économie animale et pourra même s'accumuler au point d'être singulièrement nuisible. C'est ce qui arrive certainement souvent chez les animaux forcés à la chasse; on en voit qui présentent des symptômes identiques à ceux des sujets dont on élève la température de 5° à 6° par le chauffage. L'échauffement, par insuffisance des voies de dispersion de la chaleur que le travail accumule dans les organes, ne doit pas non plus être étranger à la mort des animaux domestiques surmenés. Ceux qui offrent le plus de résistance aux exercices violents et prolongés sont, sans doute, les sujets chez lesquels l'accumulation de la chaleur survient le plus tardivement. Qui sait si la thermométrie rectale ne constituerait pas un bon moyen d'apprécier le fond des animaux destinés à se mouvoir rapidement, en traînant ou en portant des fardeaux plus ou moins lourds : les chevaux de selle, par exemple, et plus particulièrement les chevaux de course ?

Ainsi, l'énergie que, pour accomplir leur travail physiologique intérieur, les muscles empruntent au monde extérieur, est restituée tout entière à celui-ci, non seulement sous forme de travail mécanique, mais encore et surtout sous forme de chaleur sensible. Sous cette dernière forme, en quelque sorte excrémentitielle, l'énergie qui a traversé l'économie animale ne semble plus pouvoir être utilisée par celle-ci. On dirait que l'énergie arrive au dernier terme d'un cycle qui, une fois parcouru, l'amène à une porte de sortie définitive.

Cette transformation et cette migration ultimes de l'énergie n'ont pas lieu, toutefois, sans rendre un dernier service à l'animal. C'est évidemment la chaleur sensible ainsi créée qui entretient la température propre du corps et en assure la constance chez les animaux dits à sang chaud. La calorification n'existerait-elle donc pas en tant que fonction indépendante, et serait-elle liée indissolublement à la production du travail physiologique? Il y a tout lieu de le penser, car on peut démontrer facilement que, même à l'état de repos le plus complet en apparence, les divers systèmes d'organes, et surtout les muscles, mettent en jeu l'activité spéciale de leurs tissus ; ils font alors assez de *travail physiologique* intérieur pour suffire, par la transformation du travail en énergie calorique sensible, à l'entretien de la chaleur animale.

III.

D'après tout ce qui vient d'être dit, nous sommes assez bien renseignés sur *l'origine* et la *fin* du *travail physiologique*. Malheureusement, nous ne savons rien de l'essence même de ce travail, des relations qui le relient à l'énergie chimique dont il provient et à l'énergie calorifique ou mécanique qui le suit. Son rôle d'intermédiaire nous est tout aussi inconnu, dans son mécanisme, que le rôle analogue rempli par l'électricité dans les circuits de pile, où elle fait éprouver à l'énergie les diverses transformations que l'on sait. Le muscle contracté par la volonté est en état de vibration, et la secousse musculaire unique se présente avec tous les caractères d'une des vibrations doubles dont se compose la contraction prolongée. Est-il possible de tirer de ce fait quelque hypothèse plausible, sur le mécanisme des transformations d'énergie qui se passent dans le muscle? Peut-être. Mais on ne prévoit pas que, de la théorie adoptée, quelle qu'elle soit, on puisse obtenir des éléments de mesure exacte et de comparaison précise avec les autres formes d'énergie. Le travail physiologique n'a pas et manquera peut-être toujours d'étalon propre pour l'expression de son équivalence.

Ne pourrait-on pas tourner les difficultés qui environnent la détermination de cette mesure du travail physiologique en visant, non pas ce travail lui-même, mais ses effets, c'est-à-dire, pour le cas particulier du muscle, la création de l'élasticité résultant de la mise en jeu de la contractilité? Ce point sera examiné plus loin. Pour le moment, il faut faire remarquer que l'absence de tout moyen de mesurer le travail physiologique, ou ses effets, ne peut empêcher d'être exactement renseigné sur la valeur de ce travail, en équivalence thermique ou même chimique. D'après les données précédemment exposées, d'une part, il représente la force vive développée par les réactions chimiques concomittantes ; d'autre part, il est représenté par la chaleur sensible et, s'il y a lieu, le travail mécanique en lesquels il se transforme.

J'ai donné une méthode pour déterminer le surcroît de chaleur qui se produit dans le muscle releveur de la lèvre supérieure du cheval, pendant la contraction synergique à vide (1), et qui est liée à la création du surcroît d'élasticité active que cette contraction représente. Voici les chiffres qu'on obtient de l'application de cette méthode.

Chaque gramme de muscle est traversé en une minute par $0^{gr},800$ de sang, s'échauffant, pendant le passage de $0°,47$ à $0°,49$. En unité de chaleur, cet échauffement, si l'on assimile le sang à l'eau, sous le rapport de la capacité calorique, répond à :

$$0^{cal},000375 \text{ à } 0^{cal},000392.$$

Ces chiffres donnent donc, en valeur calorique, la quantité d'énergie nécessaire pour fournir au muscle l'élasticité dont il a besoin pour accomplir sa fonction. Autrement dit, ils représentent l'équivalent thermique du travail physiologique de l'organe.

Le contrôle de cette équivalence thermique est fourni par les résultats de la détermination du travail chimique (2).

Chaque gramme de muscle absorbe en une minute, pendant le travail, en sus de ce qu'il consomme au repos :

(1) *Comptes rendus*, t. CV, p. 296. — J'indique une petite rectification à faire à cette note. Dans le calcul de la quantité de chaleur produite par le muscle en travail, on a fait entrer, indûment, un élément qui ne figure pas ici, c'est le poids du muscle. Le muscle représente, en effet, une quantité de matière qui, une fois échauffée à un certain degré, ne retient plus de chaleur. Le sang emporte toute celle qui se produit sur place.

(2) *Comptes rendus*, t. CIV, p. 1126 et 1352. — Consulter surtout le tableau A, p. 1354. Les chiffres qui sont cités ici sont ceux des moyennes dudit tableau A, moyennes rectifiées toutefois d'après quelques résultats nouveaux ajoutés à ceux des premières expériences. Mais, comme j'ai eu l'occasion de le dire, ces moyennes n'auront de valeur réelle que quand les expériences auront été beaucoup plus multipliées.

$$0^{gr},00012 \text{ d'oxygène,}$$

qui produiraient, en supposant que cet oxygène se combinât en entier avec du carbone libre, pour faire de l'acide carbonique :

$$0^{cal},000365,$$

chiffre voisin de ceux qui sont donnés par les mesures calorimétriques.

Si, au lieu de prendre l'oxygène absorbé comme mesure de l'énergie chimique mise en mouvement, on prenait l'acide carbonique cédé au sang par le muscle, on obtiendrait, par gramme de tissu musculaire et par minute de travail :

$$0^{gr},00020 \text{ d'acide carbonique,}$$

représentant

$$0^{cal},000440.$$

Ce dernier chiffre est sensiblement plus élevé que celui qui répond à l'absorption de l'oxygène, ce qui tient à ce que, pendant le travail musculaire, le rapport $\dfrac{CO_2}{O}$ est plus grand que l'unité, tandis que, pendant le repos du muscle, ce rapport est généralement plus petit que l'unité. Mais, toutes compensations faites, on n'en trouve pas moins, dans les chiffres de l'absorption de l'oxygène et de l'excrétion de l'acide carbonique, une confirmation des indications données par la mesure directe de la quantité de chaleur qu'engendre le travail physiologique du muscle. Certes, le calcul du travail chimique permettrait des conclusions plus nettes s'il était mieux connu. Mais il plane sur ce travail un certain nombre d'obscurités. On ignore la part respective des combustions proprement dites et des autres métamorphoses chimiques. De plus, il serait

difficile de dire avec certitude quelles sont les substances qui se brûlent directement, ou celles qui entrent
dans des combinaisons nouvelles en se dédoublant ou
en subissant d'autres changements moléculaires. Ce
qui est bien connu, c'est seulement le coefficient de
l'absorption de l'oxygène, avec celui de l'excrétion de
l'acide carbonique, et l'on avouera qu'on tire de ces
deux renseignements les plus utiles indications pour
la détermination de l'équivalence du travail physiologique du muscle.

Ainsi, nous pouvons considérer, d'après ce qui pré-
cède, le chiffre moyen de $0^{cal},000380$ comme l'équivalent thermique du travail physiologique du muscle
(releveur de la lèvre supérieure) ; ou, en d'autres
termes, ce chiffre représente l'énergie dépensée par
1 gramme de tissu musculaire pendant une minute,
en accomplissant le travail spécial qui lui fait acquérir
la tension élastique nécessaire à son fonctionnement
physiologique.

Si le travail physiologique, au lieu d'être tout intérieur (contraction synergique à vide), est lié à une action extérieure utile, le travail mécanique qui en résulte ne représente, en équivalence, qu'une petite
fraction de la chaleur totale. La contraction, qui produisait à vide $0^{cal},000380$, fait encore $0^{cal},000335$, quand
il y a travail extérieur. Ce travail extérieur absorbe
donc seulement $0^{cal},000045$. D'où il résulte que, pour
donner au muscle (releveur de la lèvre supérieure) la
tension active nécessaire à la production d'une certaine quantité de travail mécanique extérieur, il faut
environ huit fois plus d'énergie qu'il n'en est con-
sommé par ce travail. Ce qui revient à dire que le *travail physiologique* représente huit fois plus d'énergie
que l'*effet* de ce travail.

Dans le cas qui est examiné ici, celui du muscle,
l'effet du travail physiologique, c'est la création de

l'élasticité nécessaire à l'accomplissement du travail mécanique extérieur. Le coefficient de cette élasticité équivaut donc à celui-ci. On ne saurait admettre, en effet, que le muscle prenne une tension élastique supérieure à celle qu'il dépense en travail mécanique. Il s'ensuit que la valeur de l'*effet* du travail physiologique du muscle pourrait être parfaitement notée, en équivalence mécanique, comme en équivalence thermique. Si donc il y avait constance de la proportion signalée ci-dessus entre la quantité d'énergie absorbée par le travail physiologique et celle qui répond aux effets de ce travail, ceux-ci pourraient très bien servir de mesure *relative* à l'activité du travail physiologique lui-même. Seulement, rien n'est moins prouvé que la constance de cette proportionnalité. Qu'elle existe pour le même muscle et les mêmes conditions de fonctionnement, il n'en faut pas douter. Mais les organes musculaires présentent de nombreuses et très grandes différences dans la longueur et l'arrangement de leurs faisceaux. Ces différences ne sont-elles pas de nature à influer sur la valeur du coefficient de l'énergie consommée par la production d'une contraction donnée, à faire varier ainsi le rapport existant entre le travail physiologique et ses effets? Une seule chose est certaine, c'est que l'élasticité qu'engendre cette contraction donnée produit certainement toujours la même quantité de travail mécanique dans les muscles, quels qu'ils soient, qui en sont les instruments.

Il n'est pas sans intérêt de faire remarquer de nouveau le contraste existant entre la force vive nécessaire à la création de l'élasticité musculaire, d'une part, et la quantité de travail mécanique produit par l'utilisation de cette élasticité, d'autre part. Ce contraste achève de démontrer la différence radicale de l'élasticité physique et de celle qui est engendrée activement par la contraction dans les muscles. En effet, avec les la-

nières douées d'élasticité physique, le travail mécanique produit est équivalent à la quantité totale de
chaleur dégagée par la tension de la substance élastique.
Toute l'énergie employée pour mettre en jeu l'élasticité se retrouve dans le travail mécanique que celle-
ci exécute. On est loin d'une pareille équivalence avec
l'élasticité musculaire. Ainsi pour donner à une bande
élastique la tension nécessaire au soulèvement d'un
poids de 1 kilogramme, à la hauteur de 1 décimètre,
il suffit de développer une force vive équivalente à
1/4250ᵉ de calorie, tandis que le tissu musculaire n'acquiert la même tension élastique qu'au prix d'une dépense d'énergie environ huit fois plus considérable.

Nous savons maintenant à quoi nous en tenir sur
l'origine, la fin et l'équivalence du *travail physiologique*
issu de l'activité propre du tissu musculaire. Toutes les
données relatives à ce travail sont-elles applicables à
celui qui résulte de la mise en jeu des autres propriétés
biologiques spéciales dont jouissent les tissus de l'organisme? C'est ce que nous allons examiner très brième-
ment.

IV.

Le travail musculaire est en corrélation étroite avec
celui qui est effectué dans les appareils nerveux. Tantôt, la contraction est provoquée automatiquement par
des excitations périphériques transmises aux organes
centraux et ramenées, après une certaine élaboration,
du centre à la périphérie, dans les organes propres du
mouvement. Tantôt, c'est le *souvenir* spontané ou pro-
voqué de ces excitations périphériques qui actionne
directement les centres moteurs et qui fait éclater les
manifestations du travail musculaire.

Dans les deux cas, il y a mise en jeu des propriétés
spéciales, c'est-à-dire *travail physiologique*, des organes

périphériques et des organes centraux de l'innerva-
tion.

Considérons d'abord les phénomènes qui se passent
dans les cordons nerveux. La conduction centripète
par les nerfs sensitifs et la conduction centrifuge par
les nerfs moteurs constituent un seul et même phénomène; ici et là, ce sont des excitations qui cheminent
dans les tubes nerveux, soit de la périphérie au centre,
soit du centre à la périphérie. En quoi consiste ce phénomène de conduction? Quel en est le mécanisme?
Quelle part y prennent les manifestations concomittantes dites électrotoniques? Les physiologistes dissi-
mulent la profonde obscurité dans laquelle sont enve-
loppées ces questions sous l'hypothèse d'un mouvement
vibratoire, qui serait imprimé longitudinalement au
cylindre-axe, à l'une ou l'autre de ses extrémités et qui
se propagerait jusqu'à l'autre extrémité.

Ce qui est sûr, c'est que cette conduction, toujours
accompagnée d'échauffement du nerf (voir les importantes expériences de Schiff sur l'échauffement dans les
organes nerveux en activité), résulte d'un certain *travail physiologique;* elle est l'effet du travail propre du
tube nerveux, comme la contraction est l'effet du travail propre du tissu musculaire. Celle-ci et celle-là, la
contraction musculaire et la conduction nerveuse, se
trouvent exactement dans les mêmes conditions, en
tant que manifestations spéciales de l'activité des tissus organiques. Seulement dans le tissu musculaire, la
manifestation physiologique est très apparente; elle se
traduit par des modifications objectives sensibles, des
changements de forme et de consistance de la matière
vivante; tandis que, dans le tissu nerveux, l'effet du
travail ne détermine aucune modification sensible de
la matière. Ce travail reste profondément caché, mys-
térieux, non seulement dans son essence, mais encore
dans sa manière de se manifester; on n'en peut consta-

ter les résultats que par le travail qu'il provoque dans d'autres organes.

Heureusement, d'après ce que nous avons vu en nous occupant de la contraction musculaire, la question de l'équivalence du travail physiologique peut être étudiée sans tenir compte des effets biologiques mêmes de ce travail. Ces effets restant tout intérieurs, l'énergie au mouvement de laquelle ils sont liés se retrouve intégralement dans les actes thermodynamiques qui précèdent ou qui suivent et qui servent ainsi de mesure au travail physiologique.

Il est certain que le transport des excitations dans les tubes nerveux dépense de l'énergie chimique et restitue intégralement, sous forme de chaleur sensible, l'énergie ainsi provisoirement consommée ; de même qu'il est non moins certain que, dans telle condition déterminée, le courant d'un circuit de pile absorbe provisoirement l'énergie chimique de la pile pour la restituer immédiatement sous forme de chaleur sensible. Entre les deux cas, il existe même une frappante analogie, quant au mode d'action du travail intermédiaire qui s'interpose entre l'état initial et l'état final de l'énergie. Le courant nerveux et le courant électrique apparaissent comme deux formes d'énergie tout à fait spéciales, dont l'existence réelle ne peut être mise en doute, quoique les relations qui les rattachent à la forme chimique initiale et à la forme calorique finale soient, dans les deux cas, parfaitement inconnues.

Donc, au moment où le nerf fonctionne, c'est-à-dire charrie une excitation nerveuse, la suractivité des réactions chimiques dont il devient le siège, absorption d'oxygène, excrétion d'acide carbonique, met en jeu une quantité d'énergie équivalente à celle du *travail physiologique* du nerf ; d'autre part, la chaleur sensible qui apparaît représente également, mais en équivalence calorique, la valeur de ce travail. Ainsi, la somme de chaleur sensible produite par les métamorphoses chimiques que suscite la mise en jeu de la propriété conductrice, dans un nerf moteur ou un nerf sensitif, peut être prise pour mesure de l'énergie dont le fonctionnement de l'organe, c'est-à-dire son *travail physiologique,* n'a été qu'une transformation intermédiaire fugitive.

Ajoutons que toutes les conditions dans lesquelles cette chaleur sensible se manifeste autorisent à la considérer, à l'instar de celle du muscle, comme un *excretum* incapable d'être utilisé ultérieurement dans l'organisme, autrement que pour en entretenir la chaleur propre.

Que si nous considérons maintenant les phénomènes qui se passent dans les centres nerveux, nous trouverons à y faire l'application des mêmes principes.

Ainsi prenons l'élaboration spéciale des excitations périphériques par les centres réflexes chargés de les renvoyer dans les organes musculaires. C'est là essentiellement du *travail physiologique,* accompli par certains groupes de cellules nerveuses disséminées dans toute l'étendue de l'axe cérébro-spinal. Or ce travail est analogue à celui des nerfs et à celui des muscles. On peut l'assimiler, lui aussi, à une sorte de mouvement vibratoire qui est nécessairement précédé et suivi des mêmes transformations d'énergie que dans ces deux catégories d'organes.

C'est évidemment la même chose avec les exemples qu'on peut prendre dans la physiologie spéciale de l'encéphale. Une sensation, consécutive à la transmission d'une excitation périphérique quelconque, ne peut être perçue que par la mise en jeu de l'activité des cellules d'un département du cerveau, partant, par la transformation d'une certaine quantité d'énergie. Cette mise en action des cellules cérébrales, c'est le

travail physiologique de ces cellules, ayant nécessairement pour mesure la force vive, de source chimique,
qui lui a donné naissance, ou la chaleur sensible qui
a été la transformation ultime du travail.

Il en est nécessairement de même de tous les autres
phénomènes dits psychiques. L'activité *spontanée* ou
provoquée des groupes cellulaires où ces phénomènes
s'accomplissent ne peut être soumise à des lois spéciales, au point de vue thermodynamique. Cette activité, mise en jeu, fait du *travail physiologique*, qui ne
saurait naître que par la transformation d'une certaine quantité d'énergie chimique et qui ne saurait
davantage se manifester sans se transformer lui-même
en énergie calorifique sensible. D'où cette curieuse
conséquence que le *travail physiologique* par lequel
l'être *sent, pense, veut* prend part à la fonction toute
physique de la calorification.

Tous les actes qui constituent le travail intellectuel
sont donc le produit, ou les effets, ou le mode de manifestation de ce *travail physiologique* des groupes de
cellules cérébrales. Entre ces actes et le travail dont ils
sont l'expression à la fois éclatante et profondément
mystérieuse, il y a les mêmes rapports, au point de
vue de l'énergétique, qu'entre les diverses sortes de
travaux dont il a été question précédemment et les effets
physiologiques par lesquels ces travaux se manifestent :
par exemple, entre le transport des excitations nerveuses, d'une part, et, d'autre part, le mouvement
moléculaire, de nature inconnue, qui représente le travail physiologique des nerfs ; ou bien entre l'augmen-
tation de l'élasticité musculaire, d'une part, et, d'autre
part, le travail physiologique, si obscur dans son
mécanisme, qu'accomplit le muscle en se raccourcis-
sant activement sans produire de travail mécanique
extérieur.

Il résulte de cette analogie que les actes psychiques,

dus à la mise en jeu de l'activité spéciale des groupes
de cellules cérébrales, sont le produit d'un travail physiologique tout intérieur. Ces actes psychiques ne peuvent donc rien retenir ou détourner de l'énergie qui a
fait naître ce travail physiologique et qui est intégralement restituée sous forme de chaleur sensible. Donc,
ici encore, ici surtout, peut-on dire, les effets du travail doivent être laissés en dehors du calcul de toute
équivalence. On ne saurait comment les y faire fi-
gurer.

Du reste, il n'est pas plus nécessaire au succès de
l'application, aux êtres vivants, des lois thermodynamiques, de déterminer l'équivalence physique des actes
psychiques que de déterminer celle des phénomènes par
lesquels se traduisent le travail physiologique des nerfs
et celui des muscles. Il suffit de la détermination en valeur chimique, mécanique ou calorique de l'équivalence
de ce travail physiologique lui-même, aussi bien dans
le tissu musculaire et les tubes nerveux, que dans les
cellules de la moelle et de l'encéphale. Jamais on
n'aura besoin de comparer entre elles les diverses manifestations du travail cérébral chez les différents sujets, par exemple, les conceptions délirantes du fou et
les idées créatrices de l'homme de génie. Ces deux
sortes de produits de l'activité cérébrale procèdent
peut-être d'un travail physiologique équivalent, met-
tant en mouvement la même quantité d'énergie ; c'est
assez pour que la théorie thermodynamique soit pleine-
ment satisfaite. Il est inutile de rapprocher directement ces produits l'un de l'autre, de leur chercher une
commune mesure. Grand avantage ! Il permet au physiologiste de rester sur son terrain, en s'attachant
exclusivement au mécanisme même de l'outil de l'intelligence. *Cet outil, ce sont les cellules ou organes élémen-*
taires du cerveau ; son travail, l'ébranlement vibratoire qu'on
suppose lui être imprimé quand il entre en activité ; sa dé-

*pense, un surcroît d'énergie chimique, qui s'élimine inté-
gralement de l'organisme sous forme de chaleur sensible.
Quant aux effets par lesquels se traduit la mise en jeu de ce
mécanisme physiologique, ils sont ce qu'ils sont, prodigieu-
sement variés et tout particulièrement intéressants. Mais ce
serait compliquer bien inutilement la présente étude que de
chercher à les y introduire.* Il est facile de voir les nom-
breux points de contact de cette manière de voir avec
celles qui ont été exposées, dans cette même *Revue*, par
MM. Ar. Gautier et Hirn.

Signalons maintenant le phénomène physiologique
le plus répandu dans la nature, aussi bien chez le vé-
gétal que chez l'animal ; j'entends le travail nutritif
auquel sont dues l'édification et la réparation des
tissus. Une graine devient un arbre ; l'œuf microsco-
pique de tel mammifère, un individu colossal. Il y a,
dans cette transformation, création de matière orga-
nisée, apparition de tissus nouveaux. Est-ce une simple
solidification ou précipitation des substances fluides
contenues dans les humeurs nutritives ? On n'a jamais
pu le croire sérieusement. C'est la segmentation des
éléments préexistants qui joue le principal rôle dans
la multiplication des éléments anatomiques. Peut-on
considérer la division des noyaux et des cellules et
l'orientation de leur destinée morphologique ulté-
rieure, ainsi que tous les autres faits de même ordre,
comme des phénomènes purement physiques ? Lesquels alors ? A quelle forme connue d'énergie rattacher
ces manifestations toutes particulières de l'activité vi-
tale ? Dans l'état actuel de nos connaissances, on le
chercherait en vain. Aussi convient-il de considérer
ces manifestations, au moins jusqu'à nouvel ordre,
comme quelque chose de spécial à l'état de vie ; c'est
de l'*énergie* ou du *travail physiologique.*

Naturellement ce *travail physiologique* procède,
comme les autres, de l'énergie que les réactions chi-

miques dont les éléments des tissus sont le siège, font passer de l'état potentiel à l'état actuel. Naturellement encore, l'énergie mise ainsi en mouvement est restituée tout entière au monde extérieur, sous forme de chaleur sensible, et concourt à la calorification. Mais c'est là un sujet qu'on peut à peine effleurer, à cause de l'obscurité profonde qui règne sur la nature intime du travail physiologique qui se révèle par les phénomènes de nutrition formative.

Il resterait à s'occuper du travail physiologique des glandes. Mais tout ce qui, dans les actes sécrétoires, n'est pas une simple manifestation mécanique ou physique (osmose, dialyse, etc.) rentre certainement dans la catégorie des phénomènes de nutrition formative. Donc, il n'y a pas lieu de faire, à propos des phénomènes sécrétoires, une démonstration spéciale des relations qui unissent le travail physiologique et les deux formes d'énergie chimique ou calorifique entre lesquelles ce travail est placé.

Nous arrêterons là cette revue. En somme, rien ne s'oppose à ce que la mise en activité de toutes les propriétés biologiques des tissus animaux ne puisse être considérée comme du *travail physiologique*, transformation transitoire d'une quantité donnée d'énergie, qui a sa source et son déversement obligé dans le monde extérieur.

Ce *travail physiologique*, si différent qu'il soit dans les divers tissus organiques, n'en est pas moins toujours semblable à lui-même, par le caractère commun qui vient d'être indiqué : il absorbe et il rend intégralement toute l'énergie qu'il met en mouvement et dont la forme initiale ou la forme finale peuvent indifféremment lui servir de commune mesure.

On chercherait en vain une base, pour cette commune mesure, dans les effets ou le produit du travail physiologique. Ces effets sont trop dissemblables suivant les tissus; presque aucun de ces effets n'est mesurable ; il n'y a guère que ceux du travail musculaire auxquels on ait pu donner une valeur. Mais comme ces effets ne sont que le mode de manifestation du travail physiologique, et non le travail lui-même, il n'y a pas besoin d'en déterminer l'équivalence pour fonder sur des bases solides la thermo-dynamique physiologique.

Telle est l'application systématique, plus ou moins généralisée, que j'ai cru pouvoir faire de mes études sur la contraction musculaire, relativement à l'énergie physiologique et à son équivalence.

V.

Résumons et concluons :

I. — La présente étude sur la thermodynamique physiologique est établie sur les faits fournis par la physiologie du muscle.

II. — L'analyse de la contraction musculaire y démontre l'existence de trois éléments : 1° la *mise en jeu* ou *en activité* de la contractilité, propriété biologique spéciale du tissu musculaire ; 2° l'*effet* immédiat ou direct de cette mise en jeu de la contractilité, c'est-à-dire la création de l'élasticité, source du pouvoir moteur du muscle ; 3° enfin, le résultat dernier de l'action musculaire, consistant en travail mécanique et apparition de chaleur sensible.

C'est le premier de ces trois éléments qui constitue le *travail physiologique*. Les deux autres n'en sont que les conséquences.

Une semblable analyse peut être appliquée à tous les tissus doués de propriétés biologiques spéciales, comme les cellules et les tubes nerveux, et même être étendue aux phénomènes généraux de la nutrition formative (création et restauration des tissus).

III. — Les apparences de nature des différents *travaux physiologiques* sont fort diverses. Peut-être sont-ils rapprochés par un lien commun. On peut supposer, par exemple, qu'ils consistent dans un mouvement vibratoire spécial, imprimé aux molécules des tissus organiques et dont les effets varient avec la nature et l'arrangement de la matière.

La *nature* du mouvement énergétique qui constitue le travail physiologique étant inconnue dans son essence, il n'y a rien à en tirer pour la détermination d'une commune mesure de ce travail.

Les *effets physiologiques* de ce mouvement ne peuvent être utilisés davantage dans ce but. Ceux qu'on observe dans le muscle sont seuls mesurables, et encore ne représentent-ils pas, en énergie mécanique ou thermique, l'équivalence du travail physiologique. Dans les autres tissus, ils ne sont ni mesurables ni comparables, soit entre eux, chez le même individu, soit chez des individus différents.

Mais comme ces effets constituent tous, sans exception, du travail intérieur purement et simplement, l'énergie qu'ils mettent en mouvement se retrouve tout entière, soit dans les actes thermodynamiques qui précèdent le travail physiologique, soit dans ceux qui le suivent; ces actes se prêtent ainsi aisément au calcul de l'équivalence du travail physiologique, sans qu'on ait à tenir compte des effets spéciaux de ce travail.

IV. — Tout travail physiologique a pour origine première l'énergie que l'animal emprunte, par ses *ingesta*, au monde extérieur, et pour origine directe ou immédiate la force vive développée par les réactions chimiques intérieures du tissu au sein duquel s'accomplit ce travail.

On doit le considérer comme équivalent à cette énergie chimique.

V. — Tout travail physiologique aboutit à une restitution totale, au monde extérieur, de l'énergie que ce travail lui a empruntée.

Cette restitution s'effectue intégralement sous forme d'une quantité de chaleur sensible, qui représente l'équivalence exacte du travail physiologique, quand celui-ci reste tout à fait intérieur.

Si le travail physiologique s'accompagne de travail mécanique extérieur, la quantité de chaleur sensible qu'il produit est diminuée dans une proportion exactement équivalente à la quantité du travail mécanique.

VI. — Cette manière de considérer l'énergie dans les êtres vivants laisse subsister, avec toute leur force, les raisons démontrant qu'il serait contraire aux lois de la thermodynamique de considérer les phénomènes physiologiques intérieurs et, en particulier, les actes dits psychiques comme étant capables d'absorber, à l'instar du travail mécanique extérieur, une partie de l'énergie mise en mouvement par le travail physiologique de l'organe dans lequel ces phénomènes s'accomplissent.

VII. — La chaleur n'apparaissant jamais que comme une *fin*, dans la série des transformations de l'énergie, chez les êtres vivants, on ne saurait considérer, au moins dans les conditions normales, la chaleur sensible des tissus comme étant apte à redevenir directement du travail physiologique. Elle affecte, au contraire, le caractère d'une excrétion.

VIII. — Cette chaleur sensible, transformation finale du travail physiologique, est suffisante pour maintenir constante, dans toutes les conditions du repos et de l'activité, la température du corps chez les animaux à sang chaud. La calorification n'a donc pas besoin d'exister et n'existe peut-être pas en tant que fonction spéciale. Elle apparaît généralement comme une conséquence du travail physiologique.

Il en résulte que, si le travail physiologique s'accumule en grande quantité en un temps très court, le corps n'a pas le temps de se débarrasser de la grande quantité de chaleur sensible que le travail y fait apparaître ; elle prend alors une valeur qui dépasse les besoins de la calorification ; de superflue, la chaleur peut devenir nuisible et arriver même à entraîner la mort.

Maison Quantin, Imprimeur
7, rue St-Benoît, 7, à Paris

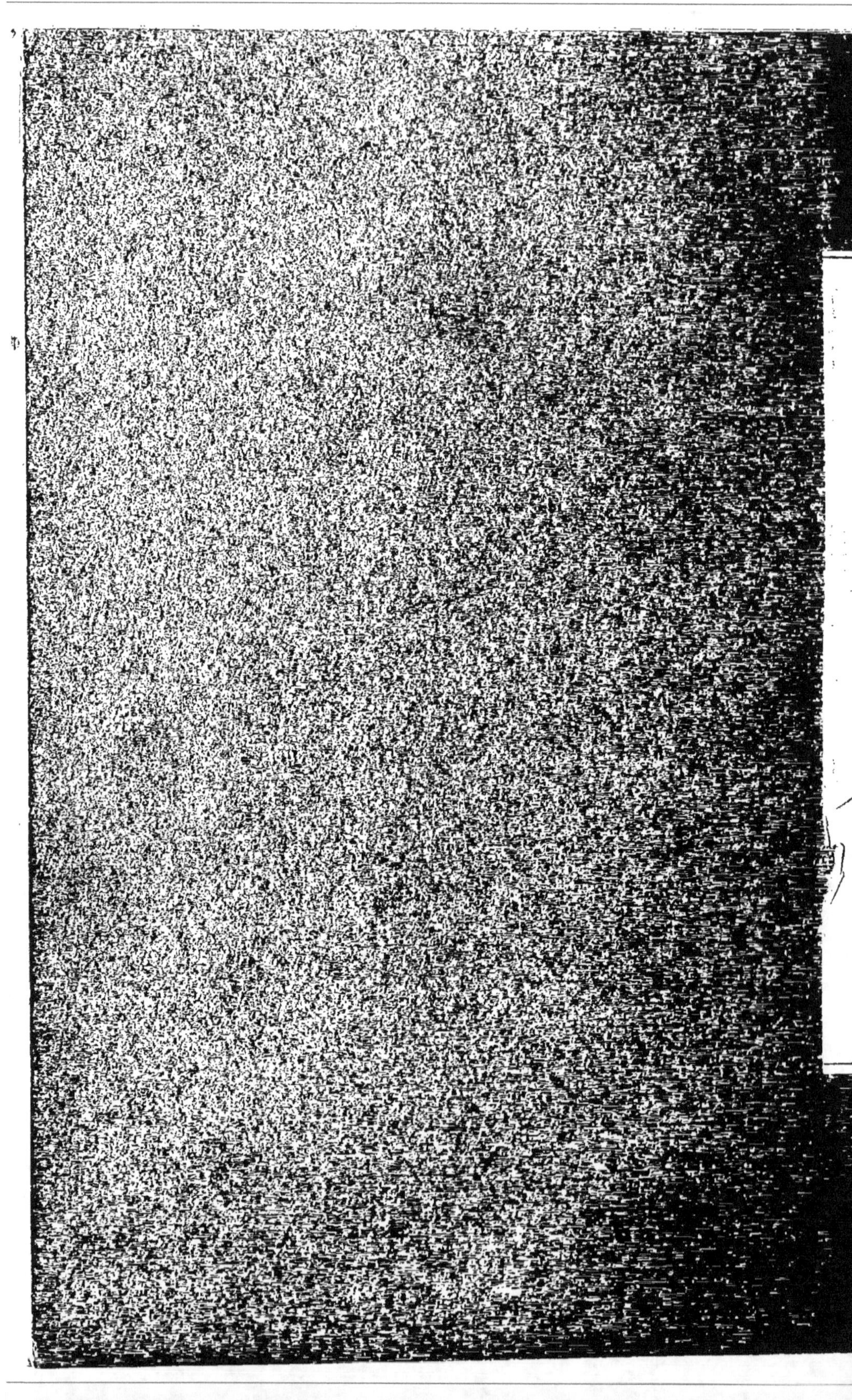